Busolami Adewale

Um processo de decisão multi-critério para a avaliação da vulnerabilidade às inundações

Busolami Adewale

Um processo de decisão multi-critério para a avaliação da vulnerabilidade às inundações

Um estudo de caso em Ilaje, Costa de Lama Transgressiva do Estado de Ondo, Nigéria

ScienciaScripts

Imprint

Any brand names and product names mentioned in this book are subject to trademark, brand or patent protection and are trademarks or registered trademarks of their respective holders. The use of brand names, product names, common names, trade names, product descriptions etc. even without a particular marking in this work is in no way to be construed to mean that such names may be regarded as unrestricted in respect of trademark and brand protection legislation and could thus be used by anyone.

Cover image: www.ingimage.com

This book is a translation from the original published under ISBN 978-620-7-65038-5.

Publisher:
Sciencia Scripts
is a trademark of
Dodo Books Indian Ocean Ltd. and OmniScriptum S.R.L publishing group

120 High Road, East Finchley, London, N2 9ED, United Kingdom
Str. Armeneasca 28/1, office 1, Chisinau MD-2012, Republic of Moldova, Europe
Printed at: see last page
ISBN: 978-620-7-87676-1

Uma abordagem integrada de tomada de decisões com múltiplos critérios para a avaliação da vulnerabilidade às cheias: Um Estudo de Caso em Ilaje, Costa de Lama Transgressiva do Estado de Ondo, Nigéria

Busolami Adewale[a,b] ,*, Xuan Zhang[a,b] , Rupeng Wang[a,b]
, Olawale Adenugba[a,b] , Adedapo Adewusi[c]

[a]Jiangsu Key Laboratory of Coast Ocean Resources Development and Environment Security, Hohai University, Nanjing 210098, China.

[b] Faculdade de Engenharia Portuária, Costeira e Offshore, Universidade de Hohai, Nanjing 210098, China

[c] Universidade Federal de Tecnologia, Akure, Escola de Ciências da Terra e Minerais 340252, Nigéria

Correio eletrónico do autor correspondente: oluwabusolami29@gmail.com (Busolami Adewale)

Correspondência: Jiangsu Key Laboratory of Coast Ocean Resources Development and Environment Security, Hohai University, Nanjing 210098, China.

Declaração dos autores

Busolami Adewale: conceção, aquisição de dados, processamento de dados, redação do manuscrito, revisão do manuscrito, redação do manuscrito

Xuan Zhang: supervisão, revisão do manuscrito, redação do manuscrito

Rupeng Wang: redação do manuscrito, revisão do manuscrito

Olawale Adenugba: revisão do manuscrito

Adedapo Adewusi: curadoria de dados, revisão do manuscrito

Uma abordagem integrada de tomada de decisão multi-critério para a avaliação da vulnerabilidade às inundações: Um Estudo de Caso na Cidade Costeira de Ilaje, Costa de Lama Transgressiva do Estado de Ondo, Nigéria

Resumo

As inundações regulares fazem parte da vida das pessoas em várias regiões do mundo, ocorrendo com magnitudes e frequências variáveis às quais as pessoas se adaptaram durante séculos. Em contrapartida, as inundações resultantes de fenómenos hidrometeorológicos extremos e que ocorrem com magnitudes e frequências inesperadas podem causar a perda de vidas, meios de subsistência e infra-estruturas, como a que ocorreu no estado de Ilaje Ondo, na Nigéria. Este estudo centra-se na identificação de Zonas Vulneráveis a Inundações (ZVI) em Ilaje, estado de Ondo, Nigéria, utilizando uma combinação de Sistema de Informação Geográfica (SIG) e Análise Multicritério de Tomada de Decisão (MCDM) com base no modelo Processo de Hierarquia Analítica (AHP) num quadro geoespacial. A avaliação da vulnerabilidade às cheias engloba sete indicadores, incluindo a precipitação, a densidade de drenagem, a distância ao rio, a distância ao terreno, o declive, a utilização do solo, a ocupação do solo e a elevação. Subsequentemente, é gerado um mapa de vulnerabilidade às cheias para a área de estudo, delineando cinco grupos de vulnerabilidade: muito alta, alta, moderada, baixa e muito baixa. A avaliação resultante revela que uma parte significativa de Ilaje, principalmente nas regiões oriental, ocidental e central, cai em zonas de vulnerabilidade muito alta e alta, cobrindo aproximadamente 1037,4 km^2 de 1444 km. Os resultados obtidos revelaram que a precipitação média anual mais baixa da zona se situa entre 1 756 mm e 1 834 mm e que a precipitação média anual mais elevada se situa entre 2 068 mm e 2 440 mm. O modelo digital de elevação (DEM), o declive, a densidade de drenagem e a distância ao rio e à terra foram gerados a partir do SRTM. 154 km quadrados eram vulneráveis, 207,3 km quadrados eram menos vulneráveis, 676,9 km quadrados eram moderadamente vulneráveis e 306,5 km quadrados eram altamente vulneráveis na área de estudo.

Índice

CAPÍTULO UM

Introdução

As zonas costeiras estão a registar um aumento da frequência, intensidade e gravidade das inundações. Vários factores contribuem para o aumento das despesas com inundações, incluindo a expansão da urbanização, o aumento da construção e instalação de outros bens perto da linha costeira (Ogunrayi et al., 2023) e as alterações climáticas. As alterações climáticas representam um perigo iminente para as gerações actuais e futuras. As alterações climáticas tornaram as catástrofes naturais mais imprevisíveis, ocorrendo com maior frequência e com maior força (Park & Lee, 2020). As zonas costeiras, que são áreas onde a terra encontra a água, são importantes para uma variedade de negócios, incluindo o turismo, os transportes e a atividade económica. Particularmente nos países em desenvolvimento, estes sectores desempenham um papel importante nas economias nacionais e internacionais.

As inundações são afectadas por uma variedade de elementos, incluindo o clima, a utilização e a cobertura do solo, a litologia, a geomorfologia e muitas outras condições hidrológicas e hidráulicas (Adewale et al., n.d.). As inundações parecem ter aumentado significativamente nas últimas décadas devido à desflorestação, à alteração do uso do solo, ao desenvolvimento populacional, à urbanização, à habitação nas zonas de declive elevado, à perda de zonas húmidas e a factores climatológicos relacionados com um aumento dos eventos de precipitação intensa (Bhat, Alam, Ahmad, Farooq, et al., 2019; Bhat, Alam, Ahmad, Kotlia, et al., 2019). As ocorrências de inundações são o resultado da integração de elementos espaciais como estruturas de engenharia, litologia, falhas, características do terreno, fenómenos de precipitação excecionais e uma maior utilização do solo/alteração da ocupação do solo (LULC) (Hammad et al., 2018). Neste contexto, os impactos do risco de inundação estão a aumentar devido a uma variedade de factores espaciais, incluindo o aumento do crescimento populacional e a rápida urbanização não planeada nas bacias hidrográficas. Além disso, as consequências relacionadas com as inundações aumentaram consideravelmente devido a uma documentação inadequada (Abdo, 2020). A fase inicial da avaliação da vulnerabilidade envolve a identificação dos factores externos e das características da costa que contribuem para os riscos costeiros. Vários processos oceanográficos, como as marés, as ondas e as vagas, podem interagir para fornecer forçamento costeiro (Mullick et al., 2019). A identificação dos principais elementos condicionantes das inundações é um tópico crítico na cartografia da suscetibilidade aos riscos de inundação. Uma vez que os dados do inventário e os componentes bem definidos das condições de inundação estão diretamente envolvidos, a sua precisão tem um impacto significativo na precisão dos mapas de suscetibilidade ao risco de inundação gerados. A análise de locais inundados ou não inundados baseia-se na extração de atributos de factores condicionantes de inundação relevantes, que são depois processados e incorporados através da sobreposição desses atributos (Akay, 2021). Como consequência, existem muitos perigos e possíveis efeitos nos ecossistemas e comunidades costeiras.

Um dos principais problemas enfrentados pelos países em desenvolvimento e pobres na investigação costeira é a falta de dados de observação. Ainda assim, as técnicas inventivas associadas ao SIG e à teledeteção têm sido suficientes para produzir resultados com uma boa correlação e erros controláveis (Daramola et al., 2022). A utilização de uma análise multicritério em conjunto com o SIG apresenta oportunidades para avaliar os riscos de inundação, tendo em conta todos os factores e circunstâncias pertinentes. O efeito do crescimento urbano nas preocupações com as inundações deve ser abordado com uma estratégia multicritério que considere uma série de circunstâncias, factores e causas únicas. Esta abordagem, quando associada ao Sistema de Informação Geográfica (SIG), tem sido amplamente utilizada em várias situações, incluindo o controlo das cheias. Além disso, é fundamental combinar todos os dados disponíveis, aprimorar a apresentação de ideias, entender o espetro de soluções alternativas e gerar mapas de referência para evitar danos e mapear (Loumi & Redjem, 2021). De acordo com Videsh et al. (2021), a "vulnerabilidade" é definida como a capacidade socioeconómica para lidar com a pior situação que pode surgir após uma catástrofe catastrófica, juntamente com uma avaliação do risco potencial. O objetivo de uma avaliação da vulnerabilidade às inundações é determinar a probabilidade e a gravidade de um risco de inundação sustentado.

O Analytical Hierarchy Process (AHP) é uma técnica MCDA qualitativa que se baseia nas competências de atribuição de pesos dos peritos. Para tomar uma decisão óptima, é aplicada a abordagem da Análise de Decisão Multi-Critério (MCDA). Como resultado, a MCDA ganhou reconhecimento generalizado como um método importante para avaliar problemas de decisão complexos, que geralmente envolvem critérios incompatíveis (Msabi & Makonyo, 2021). Com base numa análise de comparação de pares, o AHP é um método adequado para determinar a importância relativa de qualquer componente (Abuzied et al., 2016; Abuzied & Mansour, 2019). Saaty inventou o processo de hierarquia analítica (AHP) em 1980, e agora é considerado uma técnica matemática para a tomada de decisões multicritério. A técnica AHP foi aplicada à cartografia da suscetibilidade a inundações e demonstrou a sua utilidade (Lawal et al., 2014). O mapeamento de inundações e as avaliações de risco em vários locais exigem a aplicação de vários critérios (Poussin et al., 2014).

Na região costeira do Estado de Ondo, a elevação aumenta de cerca de 1 metro perto da costa para entre 35 e 55 metros nas terras altas (Adediji & Ezenwa, 2018). A precipitação extremamente intensa é uma caraterística marcante da região costeira do Estado de Ondo; os totais anuais variam entre mais de 2 000 mm nas zonas de Irele e Okitipupa e cerca de 3 000 mm nas zonas de Ilaje e Ese-Odo. A temperatura média anual é de cerca de 25 °C, com variações de cerca de +4 °C durante a estação húmida e +7 °C durante a estação seca (Asiwaju-Bello & Owoseni, n.d.). A área tem uma evaporação média diária de 3,33 mm e uma humidade relativa durante todo o ano de 80-86%. Neste local costeiro, a estação húmida dura normalmente mais tempo, de março a outubro, com uma pequena pausa em agosto. A estação seca decorre oficialmente de novembro a março. Com uma precipitação média anual de 1500 a 2000 mm e uma humidade relativa de 68%, Ilaje é conhecida pelo seu clima quente e abafado. Existe água da chuva suficiente para ser infiltrada e reabastecer os aquíferos subjacentes devido ao regime de precipitação substancial da área, à baixa taxa de evaporação e à humidade relativa geralmente muito elevada (Asiwaju-Bello & Owoseni, n.d.).

Já foram feitos vários esforços para estimar a vulnerabilidade e o risco de inundações actuais e futuras em Ilaje. Num estudo de avaliação da vulnerabilidade às inundações no estado de Ilaje Ondo, Nigéria (Adetoro & Akanni, 2018) projectaram que se espera que 6,56% da superfície total da área de estudo seja altamente vulnerável a inundações. Do mesmo modo, (Ogunrayi et al., 2023) projectaram que, dada a capacidade de carga extremamente limitada da linha costeira de Ilaje, as estruturas e instalações na zona são altamente susceptíveis de serem arrastadas pelos processos costeiros dinâmicos. A natureza plana deste habitat, as condições de elevada agitação marítima, bem como os efeitos das alterações climáticas e a esperada subida do nível do mar, representam uma ameaça substancial à atual existência da região de Ilaje. As suas conclusões demonstram ainda que os processos erosivos são mais comuns na secção central da costa do que na secção ocidental, com a secção central a apresentar maior erosão. Estes resultados são consistentes com os de estudos anteriores realizados por (Dada et al., 2019) e (Badru et al., 2017), bem como (Popoola, 2022), que também observaram que a secção central da costa apresenta maior erosão. No entanto, uma investigação recente realizada por (Daramola, Li, Otoo, et al., 2022) confirma que o sector oriental perdeu mais terra do que qualquer outro sector, com cerca de 95% da linha costeira ao longo de toda a região a sofrer erosão entre 2015 e 2019. Isto mostra uma mudança na dominância da erosão da área central, que tem sido a mais exposta aos riscos costeiros nas últimas décadas, o que está em alinhamento com os resultados deste estudo. (Komolafe et al., 2021) utilizaram abordagens estatísticas em conjunto com ferramentas de deteção remota e SIG para investigar as alterações registadas ao longo da linha costeira de Ilaje, no sudoeste da Nigéria, nos últimos anos.

A área de estudo de Ilaje abrange uma região costeira de baixa altitude que tem sofrido inundações significativas. Reconhecendo a necessidade premente de uma avaliação qualitativa para compreender os vários factores que contribuem para este problema e propor intervenções sustentáveis, esta investigação procura identificar as regiões altamente propensas a inundações no norte, sul, este e oeste através de uma abordagem de decisão multicritério.

As evidências existentes sugerem que as partes central, oriental e ocidental da área de estudo são particularmente susceptíveis a inundações ((Dada et al., 2019; Daramola, Li, Omonigbehin, et al., 2022; Fasona et al., 2011; Ogunrayi et al., 2023), uma conclusão ainda mais validada por esta investigação. Este estudo contribui para a limitada literatura ao adotar uma abordagem baseada em casos para investigar a vulnerabilidade de Ilaje no Estado de Ondo, Nigéria, nas zonas costeiras. Embora estudos anteriores reconheçam a suscetibilidade da área a inundações, esta investigação mapeia de forma distinta os pontos críticos de inundação, com o objetivo de acrescentar profundidade às actuais análises comparativas de abordagens numéricas, de deteção remota e de tomada de decisões multicritério (MCDM).

Utilizando o Sistema de Informação Geográfica (SIG) e modelos de risco de inundação do Processo de Hierarquia Analítica (AHP), esta investigação tem como objetivo obter uma compreensão abrangente dos principais contribuintes para as inundações costeiras em Ilaje e identificar áreas com elevado risco de inundação. Os mapas de risco de inundação gerados pelo SIG serão fundamentais para dar prioridade às medidas de mitigação e sensibilizar o público para a redução do risco de inundação. Os parâmetros considerados incluem a precipitação, a utilização e a ocupação do solo, a densidade de drenagem, a elevação, o declive e a proximidade de massas de terra e de água.

A avaliação da vulnerabilidade às inundações abrangerá uma série de indicadores físicos, incluindo níveis de precipitação, densidade de drenagem, proximidade de rios e terrenos, gradientes de declive, padrões de utilização e ocupação do solo e variações de elevação. Estes parâmetros serão objeto de uma análise sistemática no âmbito de um Sistema de Informação Geográfica (SIG), com valores ponderados atribuídos utilizando o Processo de Hierarquia Analítica (AHP) como técnica de tomada de decisão multicritério. Em última análise, a investigação visa gerar um mapa detalhado de vulnerabilidade a inundações especificamente adaptado a Ilaje, delineando zonas de alto risco.

Os principais componentes desta metodologia de investigação incluem:

Geração de um mapa de risco de inundação com base na consideração de sete parâmetros ou critérios: elevação, declive, precipitação, proximidade de rios, distância de estradas, densidade de drenagem e uso e ocupação do solo (LULC).

Utilizando o Analytical Hierarchy Process (AHP) para determinar e atribuir os respectivos pesos relativos, assegurando assim uma avaliação equilibrada da importância de cada critério.

Categorizar o mapa de inundações resultante em cinco grupos principais: Muito alto, alto, moderado, baixo e muito baixo, facilitando a interpretação e avaliação directas dos níveis de vulnerabilidade às inundações.

Mapeamento das zonas de alto risco para identificar os pontos críticos de inundação, quer estejam situados a norte, sul, leste ou oeste, fornecendo assim informações valiosas para futuras recomendações e estratégias de intervenção.

Os resultados esperados desta investigação têm um valor significativo para os decisores políticos, representantes do governo local e membros da comunidade, fornecendo um ponto de referência para a afetação estratégica de recursos para abordar as causas subjacentes das inundações costeiras. Em última análise, o estudo visa reforçar a resiliência da cidade costeira de Ilaje e contribuir com conhecimentos valiosos para o discurso mais alargado sobre a gestão eficaz do risco de inundação nas zonas costeiras. O sucesso da resiliência e do desenvolvimento sustentável de Ilaje depende dos esforços deste estudo.

CAPÍTULO DOIS

Quadro concetual do estudo

Este documento aborda lacunas críticas na avaliação do risco costeiro, empregando uma abordagem multi-critério para avaliar de forma abrangente o risco de inundação. Apresenta uma metodologia integrada de avaliação do risco de inundação que considera numerosos factores interligados e os seus impactos. O objetivo principal é identificar e mapear as áreas com maior risco ou suscetibilidade a inundações. Embora estudos anteriores tenham explorado vários factores que contribuem para a vulnerabilidade às cheias em Ilaje, Estado de Ondo, Nigéria, esta investigação preenche uma lacuna distinta ao investigar e analisar factores adicionais que não foram previamente examinados, aplicando assim uma abordagem de decisão multicritério para identificar áreas de risco elevado e baixo. As regiões costeiras de todo o mundo estão cada vez mais ameaçadas pelos impactos das alterações climáticas globais, e a cidade costeira de Ilaje, situada nas margens lamacentas de Ondo Mahin, na Nigéria, não é exceção. O risco iminente de inundações costeiras representa uma ameaça significativa para as infra-estruturas locais, os meios de subsistência e o bem-estar da comunidade. Por conseguinte, compreender as causas subjacentes às inundações costeiras é crucial para um planeamento eficaz da atenuação e adaptação.

Este estudo procura examinar minuciosamente e dar prioridade aos factores que contribuem para as inundações em Ilaje através de uma análise multicritério extensiva. O objetivo principal é identificar áreas propensas a inundações, facilitando assim o desenvolvimento de soluções eficazes de avaliação e gestão de inundações. Além disso, o estudo visa determinar quais as regiões que merecem maior atenção em termos de implementação de medidas de redução de riscos ou estratégias de mitigação.

2.1 Ondo Mahin Transgressivo Costa da Lama

Ao contrário de outras planícies costeiras que apresentam grandes mangais, lagoas e praias elevadas, a planície costeira do Estado de Ondo (costa de lama transgressiva) é pequena, medindo apenas 700 metros de diâmetro. Cerca de 30 a 60 km de largura de pântanos de água doce apoiam a linha costeira, juntamente com zonas húmidas lacustres e uma rede complexa de riachos interligados

(Ayeku, 2022; Olorunlana, 2013). Na costa baixa do Mahin Transgressivo da Nigéria, as inundações incessantes e a erosão dos lodaçais exigem uma ação imediata para evitar danos adicionais ou ataques às linhas costeiras e às cidades circundantes. No entanto, a construção eficaz de uma barreira de proteção a longo prazo nesta parte da costa nigeriana depende de um conhecimento profundo dos materiais subsuperficiais do lodaçal (Adesina et al., 2023). A zona costeira de lama transgressiva é um ambiente delicado com abundantes recursos minerais, alimentares e energéticos, mas também apresenta cenas de utilizações frequentemente contraditórias. Atualmente, a utilização excessiva e descontrolada dos recursos naturais, associada aos efeitos das alterações climáticas, constitui uma séria ameaça ao desenvolvimento económico e, consequentemente, está a criar pesadelos ambientais que prenunciam vários perigos para as gerações futuras (Ayeku, 2022; Wright et al., 1985). Nas próximas décadas, prevê-se que o aquecimento significativo e a subida do nível do mar tenham uma influência significativa na zona costeira e aumentem a ocorrência de inundações costeiras nas costas baixas. Para fazer face a este problema, é fundamental aprofundar o conhecimento das tendências potenciais e das contribuições de vários factores oceânicos para a alteração local do nível do mar costeiro a várias escalas temporais e locais (Dada et al., 2020).

2.2 Cenários Geológicos e Geomorfológicos

A geologia de superfície desta região costeira consiste na formação Benin e em aluviões recentes. Devido à estrutura heterogénea e frouxa da formação Benin, o lençol freático está localizado a uma profundidade relativamente grande, fora do alcance da maioria dos poços normais escavados à mão. Omatsola e Adegoke (1981) descobriram água doce em condições artesianas nas areias basais da Formação Ise. Quando os rios atravessam camadas mais jovens para chegar ao Grupo Abeokuta, são registadas descargas artesianas na superfície do solo ao longo das margens dos rios. Supõe-se que o sistema de falhas nas rochas de fundação sob as formações de Abeokuta tenha um efeito sobre o estado do aquífero artesiano. As planícies pantanosas são dominadas por florestas de pântano de água doce no interior, enquanto vastas florestas de mangue perto da costa restringem a penetração no interior (Adediji e Ezenwa, 2018). A região costeira do Estado de Ondo é uma planície suavemente ondulada com vários rios, riachos, canais e ribeiros. A área é suportada pela parte mais oriental da enorme bacia do Daomé. A bacia do Daomé engloba o sudeste do Gana, o Togo, a

República do Benim e o sudoeste da Nigéria. A área é maioritariamente coberta por unidades hidrogeológicas pouco profundas conhecidas como Areias da Planície Costeira ou Formação do Benim. As unidades aquíferas nas areias e aluviões da planície costeira são principalmente areias porosas e permeáveis (Ayodele & Ayodeji, 2020). Ilaje é dividida por afloramentos rochosos de tamanhos variados. Foram encontrados vários afloramentos rochosos significativos em Ilebakumi, Ugbonla, Abeotobo, Ideogun, Igbokoda, Adisa, Araromi-Oke, Araromi-Odo, Igbitan, Ogorogoro-Oke, Ogorogoro-Odo, Ogorogoro e Itebu- Manuwa (Adediji & Ezenwa, 2018). As zonas ribeirinhas e fluviais têm uma variedade de características geomorfológicas, incluindo cumes de areia, lagoas, planícies pantanosas, riachos e o Delta do Níger ocidental. A região é um ambiente de deposição de baixa energia composto por lodo e lama de várias fontes, nomeadamente do Oceano Atlântico. Uma vez que se presume que o local foi um ambiente de deposição no passado geológico, mas atualmente é visto como um ambiente de erosão, a água do oceano transporta sedimentos adicionais para encher a plataforma e os cursos de água (Ayodele & Ayodeji, 2020).

CAPÍTULO TRÊS

Materiais e métodos

3.1 Área de estudo

Ilaje, que faz parte do Delta do Níger e dos Estados produtores de petróleo, está situada no Estado de Ondo, no sudoeste da Nigéria. Esta comunidade costeira estende-se por uma área de cerca de 3000 km e está situada entre 5° 50' 34" e 6° 40' 58z a norte do equador e entre 40° 27' 00z e 5° 8' 59z a leste do meridiano de Greenwich. A terra de Ilaje tem uma localização ideal para o turismo e fica a cerca de 75 milhas de Lagos (Komolafe et al., 2021). A Costa de Lama Transgressiva forma o eixo em torno do qual as águas costeiras de Ilaje desaguam no Oceano Atlântico (Nkwoji et al., 2016). Ilaje é composta por mais de 400 cidades e aldeias, com uma população de 290.615 habitantes de acordo com o censo de 2006 e uma área de 234.000 quilómetros quadrados (Olawusi-Peters Olamide et al., 2014) Com uma linha costeira de mais de 180 km, o Governo Local de Ilaje é o maior em termos de área terrestre no Estado de Ondo, tornando-o o estado com a maior linha costeira da Nigéria (Adeniran & Otokiti, 2019). Pensa-se que as terras costeiras do Estado de Ondo, que se situa no sudoeste da Nigéria, cobrem cerca de 60 000 hectares (Olawusi- Peters & Ajibare, 2014). A povoação situa-se numa ilha no sul da Nigéria, no extremo sul da região da costa atlântica do Estado de Ondo (Osunsanmi et al., 2015). A cidade situa-se a leste ao longo da costa da maior cidade da Nigéria, Lagos. Devido aos efeitos da exploração petrolífera, a comunidade perdeu uma parte considerável da sua linha costeira para o Oceano Atlântico. Ilaje é uma das principais povoações do Estado de Ondo, na Nigéria, como mostra a Figura 1 abaixo.

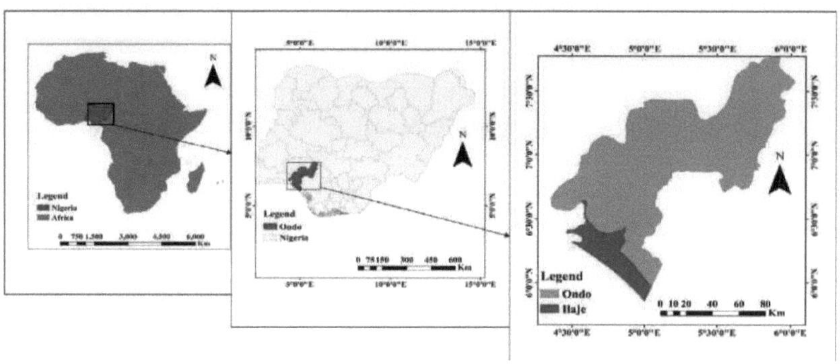

Figura 1: Mapas de localização da área de estudo

3.2 Métodos

Neste estudo, a avaliação da vulnerabilidade às cheias é um procedimento em várias etapas que começa com a recolha de dados espaciais críticos sobre a elevação, os padrões de utilização do solo e a distribuição das infra-estruturas. Estes conjuntos de dados são depois rigorosamente processados e combinados utilizando tecnologias de Sistemas de Informação Geográfica (SIG) para permitir uma análise alargada. Os critérios de inundação, como a utilização/cobertura do solo, os padrões de precipitação, a distância a auto-estradas e massas de água, o declive, a elevação e a densidade de drenagem, são cuidadosamente seleccionados e classificados de acordo com os seus níveis de suscetibilidade. A metodologia do Processo de Hierarquia Analítica (AHP) é utilizada para dar prioridade a estas questões de forma eficiente. O culminar deste processo gera um mapa de risco de inundação, vital para designar áreas propensas a inundações e ajudar na tomada de decisões informadas e na criação de soluções de mitigação, como demonstrado na Figura 2

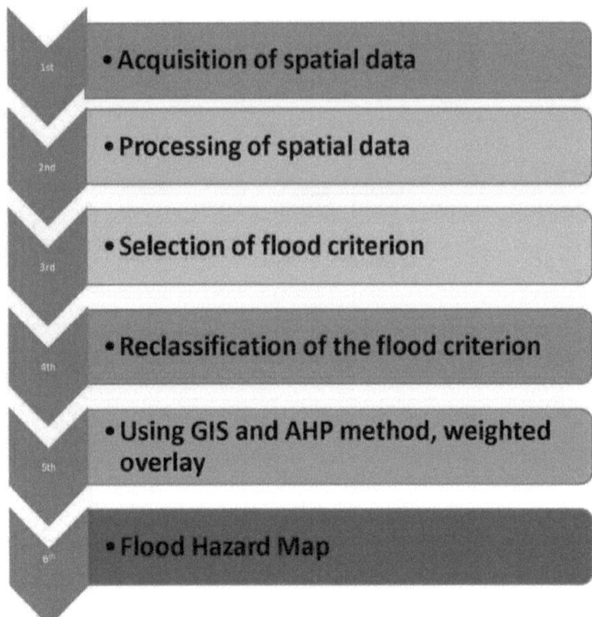

Figura 2: Diagrama de fluxo da metodologia de avaliação do risco de inundação baseada em SIG.

3.2.1. Dados e fontes

Os dados secundários foram recolhidos de uma variedade de revistas académicas, manuais, livros e referências. Os parâmetros da área de investigação, tais como o declive, a elevação, a densidade de drenagem e a proximidade de massas de água e de terra, foram examinados utilizando um Modelo Digital de Elevação (DEM) de 20 * 20 metros produzido pela Shuttle Radar Topography Mission. Estes dados de deteção remota por micro-ondas, conhecidos como DEM, forneceram informações pormenorizadas sobre as propriedades geométricas, topológicas e hidrológicas ao longo dos limites da bacia de drenagem. A cobertura e a utilização do solo ao longo do Caminho 190/Rua 056 foram analisadas utilizando uma única imagem de satélite Landsat OLI/TIRS de 2011. Os dados de precipitação para o período de investigação foram obtidos a partir de três estações meteorológicas operadas pela Agência Meteorológica da Nigéria (NIMET): Igbokoda, Ayetoro e Abereke. Foram realizados vários processos preliminares antes da análise, incluindo o descarregamento, a extração e a georreferenciação dos dados, a formatação e a reamostragem, para garantir a compatibilidade com os critérios considerados. Foram utilizados inquéritos de campo e revisões exaustivas da literatura para identificar os factores que causam as inundações. Como resultado, parâmetros como o declive, a elevação, a densidade de drenagem, a proximidade de rios e terrenos, a pluviosidade e a utilização dos solos foram seleccionados de acordo com a perceção do perigo de inundação.

3.2.2. Pré-processamento de imagens

O mapa LULC da área da bacia foi criado utilizando imagens Landsat, nomeadamente Landsat 8 (OLS &TIRS), Enhanced Thematic Mapper (ETM+) e Thematic MapperTM. Foram utilizadas fotografias de satélite pré-processadas para extrair informações valiosas para facilitar a compreensão. Para garantir a comparabilidade espácio-temporal dos dados, foram efectuadas modificações geométricas e atmosféricas no ambiente SIG (Olorunfemi et al., 2020). O ArcGIS 10.5 foi utilizado para tarefas adicionais de pré-processamento, incluindo bandas compostas e extração de imagens com base na região de investigação. A cartografia da utilização e da ocupação do solo foi efectuada utilizando combinações de bandas de 543 e 432 imagens compostas a cores para Landsat 8 (OLS &TIRS) e Landsat Enhanced Thematic Mapper (ETM+)/Thematic Mapper (TM), respetivamente.

3.2.3 Comparação entre pares

Com base na opinião dos peritos, foram efectuadas comparações entre pares e a classificação dos parâmetros (Tabela 1). Ao analisar as zonas de risco de inundação na área de estudo, a precipitação foi considerada o fator mais influente (25%) devido aos valores elevados e às fortes chuvas nesta área, a distância ao rio também é considerada um fator importante porque Ilaje tem muitos rios, lagoas e afluentes, e a distância da estrada foi considerada menos sensível para contribuir para o risco de inundação. Os valores em cada célula representam a escala de importância relativa para os factores emparelhados. A diagonal tem um valor de 1 em todas as células porque a diagonal representa os factores que estão a ser comparados consigo próprios com a escala de "1" (igual importância). Na diagonal inferior, os valores da escala são infracções porque os factores estão a ser emparelhados na ordem inversa e a escala de importância relativa é dada como a recíproca das comparações entre pares na diagonal superior. Por conseguinte, para identificar as zonas de risco de inundação em Ilaje, os parâmetros são classificados da seguinte forma: A precipitação em primeiro lugar, a distância ao rio em segundo lugar, a elevação em terceiro, a densidade de drenagem em quarto, a ocupação do solo em quinto, o declive em sexto e a distância à estrada em sétimo (Quadro 2).

Intensidade	Definição
1	Igual importância
2	Importância relativa
3	Importância moderada
4	Importância relativa
5	Grande importância
6	Importância relativa
7	Importância muito forte
8	Importância relativa
9	Extrema importância

Quadro 1: A matriz de decisão do presente estudo e a escala fundamental para a comparação entre pares

SN	Nome da variável	Peso
1	Precipitação	25%
2	Distância até ao rio	20%
3	Elevação	15%
4	Densidade de drenagem	15%
5	Utilização do solo / Cobertura do solo	10%
6	Declive	10%
7	Distância até à estrada	5%

Tabela 2: Critérios de suscetibilidade a inundações utilizados no estudo

3.2.4 Metodologia AHP

A metodologia Analytic Hierarchy Process (AHP) fornece uma abordagem estruturada para avaliar o risco de inundação, considerando sistematicamente vários critérios ·e a sua importância relativa (Vaidya & Kumar, 2006). Nesta metodologia, o primeiro passo consiste em definir os critérios relevantes para a avaliação do risco de inundação, que podem incluir factores como a intensidade da precipitação, os padrões de utilização do solo, a elevação, o declive, a densidade de drenagem, a distância aos rios e a distância às estradas. Estes critérios são organizados hierarquicamente, com o objetivo global da avaliação do risco de inundação no nível superior, seguido de subcritérios agrupados sob cada critério principal. (Figura 3)

Uma vez estabelecida a hierarquia dos critérios, são efectuadas comparações entre pares para determinar a importância relativa de cada critério e subcritério. Os peritos ou as partes interessadas atribuem valores numéricos que representam a força da preferência entre cada par de critérios, utilizando normalmente uma escala como a escala de 1 a 9 de Saaty (Saaty, 2001). As comparações são sintetizadas utilizando algoritmos AHP para obter pesos de prioridade para cada critério, reflectindo a sua contribuição para o risco global de inundação. Estes pesos são depois utilizados para calcular pontuações compostas para diferentes cenários de risco de inundação, permitindo aos decisores dar prioridade aos esforços de mitigação e afetar recursos de forma eficaz (Ho, 2008). Através da sua abordagem sistemática e quantitativa, a metodologia AHP aumenta o rigor e a transparência da avaliação do risco de inundação, facilitando a tomada de decisões informadas em contextos de gestão de catástrofes e planeamento urbano (Leal, 2020).

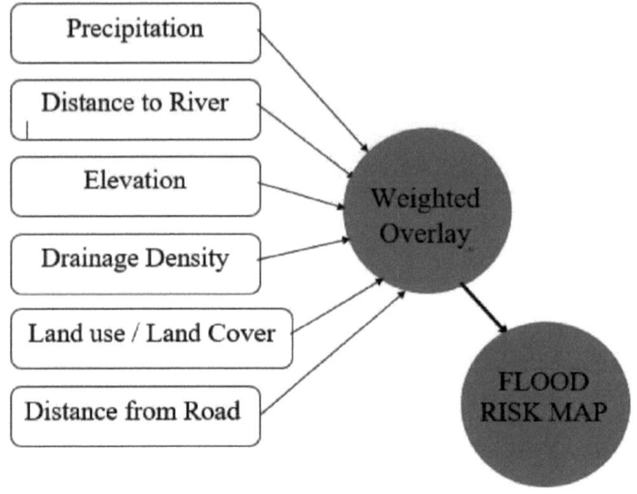

Figura 3: Diagrama de fluxo da metodologia do critério AHP

3.2.5 Método de avaliação multi-critério

Os métodos de análise de decisão multicritério (MCDA) têm sido utilizados com sucesso em várias investigações e são geralmente considerados como uma boa ferramenta para avaliar problemas de decisão complexos. Para obter um resultado preciso, a MCDA tem em conta uma vasta gama de variáveis, incluindo dificuldades tecnológicas, ambientais e socioeconómicas (Ghanbarpour et al., 2013; Liu et al., 2003). Estes critérios são agrupados numa sequência hierárquica com base nas preferências do decisor, permitindo a determinação precisa e metódica da relevância relativa dos parâmetros utilizados (Boulomytis et al. 2019). Este método foi concebido para identificar as regiões de risco de inundação através da referência às condições existentes (Yang et al., 2011). O MCDA, em conjunto com um Sistema de Informação Geográfica (SIG), tem sido utilizado para cartografar zonas de inundação. De facto, as técnicas de SIG facilitam o processamento e a análise de dados geográficos, bem como a visualização, a interpretação e a avaliação dos resultados da MCDA (Wang et al., 2011). (Tabela 3) mostra a contribuição percentual de cada componente para as zonas de risco de inundação, que foi calculada como o rácio entre o peso total do fator e o total. Os sete mapas que foram criados após o método de classificação foram combinados utilizando uma abordagem de combinação linear ponderada num ambiente SIG. Esta técnica multiplica cada fator pelo seu peso percentual, e a soma de todos os factores produz o mapa final das zonas perigosas. O mapa de zonas de risco resultante inclui a combinação das sete variáveis acima referidas que estão diretamente relacionadas com qualquer evento de inundação que ocorra na área de estudo (Argaz et al., 2019)

$$S = \sum W_i X_i$$

em que X_i é a taxa do fator I, W_i é o peso dos factores I e S é o mapa final das zonas de risco de inundação.

Critério de causa das inundações	Unidade	Classe	Suscetibilidade Classe Gamas e classificações	Classe de suscetibilidade Classificações	Pesos (%)
Elevação	m	<-2 2.0 -4 4-6 6.01- 9 9.01 - 25	Muito elevado Elevado Moderado Baixa Muito baixo	5 4 3 2 1	15%
Declive	%	<0.93 0.93- 0.94 0.94 -0.95 0.95 -0.84 0.94-0.98	Muito elevado Elevado Elevado Moderado Baixa Muito baixo	5 4 3 2 1	10%
Precipitação	mm ano	< 8.1 8.1-8.2 8.2- 8.3 8.3 -8.4 8.4 -8.5	Muito elevado Elevado Elevado Moderado Baixa Muito baixo	5 4 3 2 1	25%
LULC	Nível	Corpo de água Agricultura terra Liquidação Terra árida Vegetação	Muito elevado Elevado Elevado Moderado Baixa Muito baixo	5 4 3 2 1	10%
Distância da estrada	m	0 -25 26 - 50 51 - 100 101 - 150 >150	Muito elevado Elevado Elevado Moderado Baixa Muito baixo	5 4 3 2 1	5%
Distância do rio	m	< 676 676 - 146 146 - 123 123 - 52 52 - 32	Muito elevado Elevado Elevado Moderado Baixa Muito baixo	5 4 3 2 1	20%
Densidade de drenagem	m/km	0 - 86 87-170 180 - 260 270 - 350 360 - 430	Muito baixo Baixa Moderado Elevado Muito elevado	1 2 3 4 5	15%

Tabela 3: Critério de suscetibilidade a inundações e gama de subcritérios para avaliação da zona de estudo

CAPÍTULO QUATRO

Resultados

4.1 Ocupação do solo

A monitorização da alteração do LULC é uma estratégia de mitigação do risco de inundação que tem sido implementada em várias cidades costeiras. Consequentemente, é crucial compreender a ligação entre o LULC e o risco de inundação (Adnan et al., 2020). O LULC influencia o movimento das águas das cheias, impedindo, atrasando ou acelerando o fluxo superficial. O LULC influencia as taxas de infiltração, as interacções entre as águas superficiais e subterrâneas e o movimento de detritos (Hagos et al., 2022). Foi utilizada uma única imagem de satélite Landsat OLI/TIRS (2011) (trajetória 190/linha 056) para estudar a classificação da ocupação e do uso do solo em Ilaje, Estado de Ondo, Nigéria. Para eliminar as flutuações sazonais, todas as imagens foram seleccionadas próximo do momento da aquisição. Estas foram fornecidas pelo Serviço Geológico dos Estados Unidos. O World Geodetic Datum de 1984 (WGS 84), zona 31 norte no sistema de projeção cartográfica Universal Transversa de Mercator (UTM), foi utilizado para corrigir as imagens Landsat com menos de 5% de nuvens. As imagens acessórias do Google Earth foram exportadas para facilitar a compreensão. A classificação supervisionada de máxima verosimilhança (ML) na ferramenta de classificação ArcGIS foi utilizada para efetuar a investigação LULC. Para atribuir cada célula a uma classe no ficheiro de assinatura, o ML, o algoritmo de classificação de imagens mais eficiente e frequentemente utilizado, emprega a covariância e a variância das assinaturas das classes (Olorunfemi et al., 2020). O ArcGIS utilizou o módulo de classificação de máxima verosimilhança no módulo de análise multivariada de ferramentas espaciais para efetuar a categorização supervisionada da área de estudo. O composto de falsa cor de cada imagem da série temporal foi criado utilizando a mesma versão do ArcGIS 10.5. O passo inicial no processo de classificação de qualquer série de imagens é a recolha de amostras de treino para cada classe de uso do solo. Em seguida, as amostras treinadas são utilizadas para gerar um ficheiro de assinatura e a classificação é concluída. A utilização/cobertura do solo da região de estudo foi dividida em seis categorias com base na sua capacidade de aumentar ou diminuir a frequência das inundações. Como resultado, as áreas de massas de água são classificadas como muito altas, enquanto a agricultura, a terra, a povoação, os terrenos estéreis e a vegetação são classificados como altos, moderados, baixos ou muito baixos, respetivamente. Em contraste, a vegetação tem um potencial muito baixo para causar inundações e é caracterizada como extremamente baixa, como se observa nas (Figura 4 e 5).

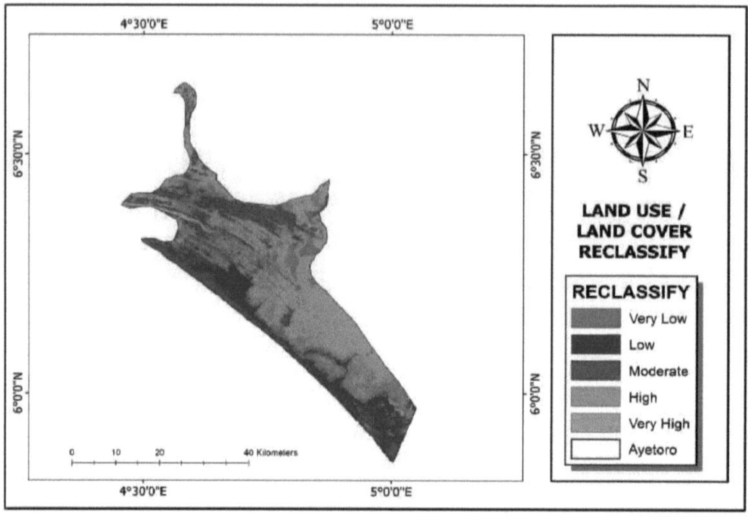

Figura 4: Mapa de ocupação do solo da área de estudo, Ilaje

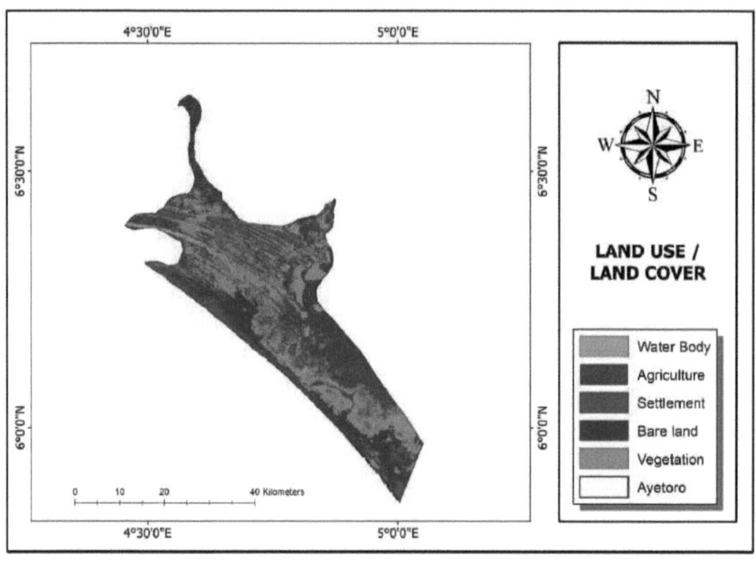

Figura 5: Mapa de reclassificação da ocupação do solo da área de estudo, Ilaje

4.2 Precipitação

A precipitação desempenha um papel crucial no desenvolvimento de um mapa de ameaça de inundação. O mapa de pluviosidade foi gerado utilizando a abordagem do peso inverso da distância a partir de dados históricos de pluviosidade obtidos de estações meteorológicas na área de estudo e nos seus arredores (Ogato et al. 2020; Desalegn e Mulu 2020). A precipitação média anual da área de investigação varia entre 2068 e 2145 mm, conforme ilustrado na (Figura 5). A intensidade da precipitação é importante para causar inundações e, neste estudo, devido à magnitude da precipitação que a área de estudo regista anualmente, foi atribuído um peso de 25% às classes de precipitação. Quanto maior for a quantidade de precipitação, maior será o escoamento que produz as cheias e vice-versa (Adiat et al. 2012; Blistanova et al. 2016, Gazi et al. 2019). A precipitação da área de estudo foi dividida em cinco grupos com base no seu impacto no risco de inundação (Figura 6): muito baixa (1.756-1.834 mm), baixa (1.835-1.912 mm), moderada (1913-1989 mm), alta (1.990-2.067 mm) e extremamente alta (2.068-2.145 mm).

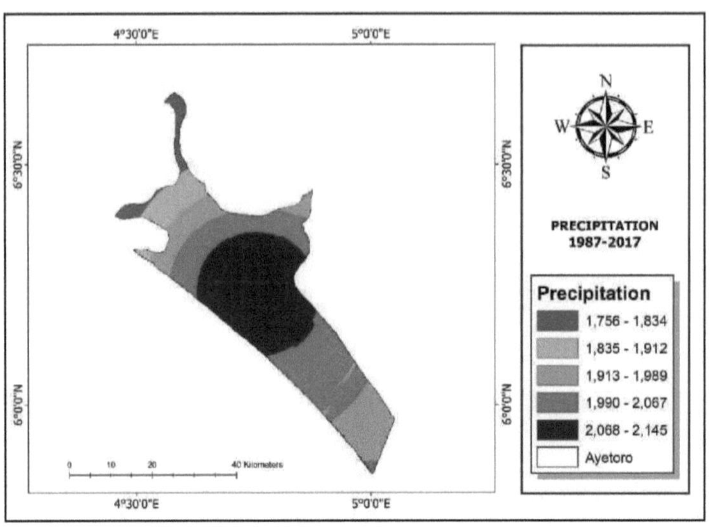

Figura 5: Mapa de precipitação da área de estudo

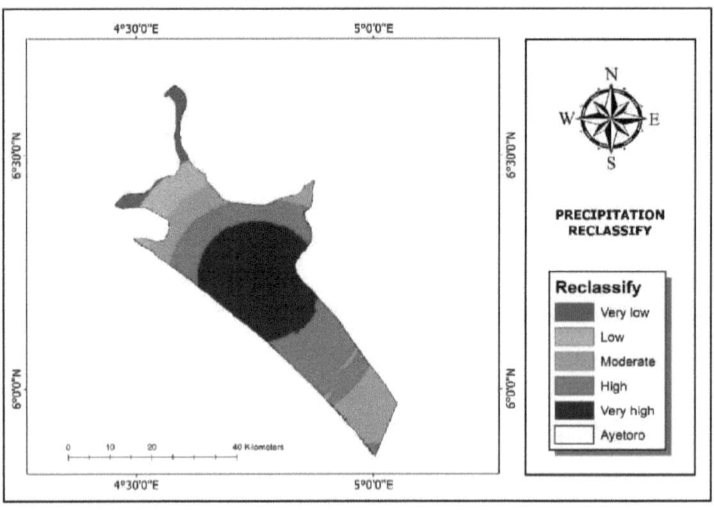

Figura 6: Reclassificação do mapa de precipitação da área de estudo

4.3 Densidade de drenagem

É medida como o comprimento total dos cursos de água de todas as ordens por unidade de área dividido pela área de superfície da bacia de drenagem. A densidade de drenagem é um regulador fundamental do escoamento superficial, determinando os caudais de pico das cheias (Pallard et al., 2009). Mostra a rigidez do espaçamento entre canais e é extremamente valiosa para compreender a dissecação da paisagem, o potencial de escoamento ou o tempo de viagem da água numa bacia, a capacidade de infiltração do solo, o relevo, a litologia subjacente, as condições climáticas e a cobertura vegetal da bacia (Reddy et al. 2004). Neste trabalho, a densidade de linhas do curso de água extraído após a segmentação do curso de água e o processamento das linhas de drenagem foi utilizada para calcular a distribuição espacial da densidade de drenagem da bacia hidrográfica.

O rácio de alongamento da área de estudo pode ser calculado geograficamente através da combinação da acumulação de caudal e do comprimento do caudal, que são ditados pela direção do caudal da área. Para compreender as características da bacia de drenagem, comece por delinear as ordens dos cursos de água e, em seguida, calcule o número e o comprimento dos cursos de água. Prevê-se amplamente que, à medida que a ordem dos cursos de água aumenta, o mesmo acontece com a descarga e a velocidade do caudal (Bhat, Alam, Ahmad, Farooq et al., 2019). A ordem dos cursos de água da rede extraída foi calculada utilizando a técnica de Strahler. Foi estabelecido um domínio de classes utilizando células concentradas de cada ordem de curso de água. Por fim, a densidade de drenagem recebeu uma escala contínua com base na classificação de risco de inundação. A densidade de drenagem da área de estudo varia entre 0 e 430 m/km. Com base na forma como a classe afecta o perigo de inundação, foi dividida em cinco grupos (Figura 6): muito baixa (0-86 m/km), baixa (87-170 m/km), moderada (180-260 m/km), alta (270-350 m/km) e extremamente alta (360-430 m/km).

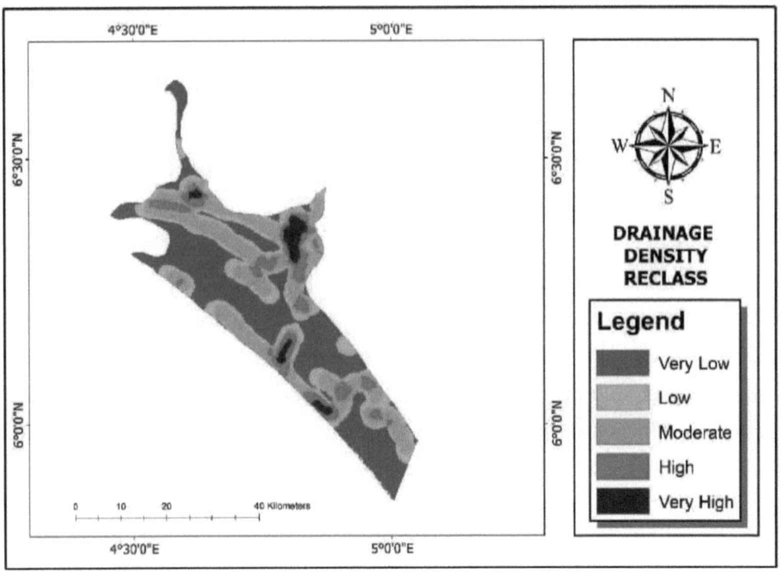

Figura 6: Mapa de densidade de drenagem da área de estudo

4.4 Distância ao rio

O principal fator que influencia a criação de mapas de risco de inundação na área de investigação é a localização dos rios. Uma vez que as cheias e o transbordo do rio ocorrem frequentemente na zona tampão do rio em Ilaje, este elemento é muito importante. Os relatórios mostram que houve incidentes de ameaças de inundação que afectaram um grande número de pessoas e causaram grandes perdas financeiras ao longo dos anos, sobretudo em 2019 e 2023. Com base no seu efeito no risco de inundação, o estudo dividiu a proximidade dos rios em cinco classificações diferentes, de extremamente elevada a muito baixa. A rede hidrográfica da bacia hidrográfica serviu de base para estas categorias (Figura 7). Depois de reclassificado, o mapa de proximidade foi combinado com outros mapas de critérios para análise de sobreposição. As zonas propensas a inundações da região da área de estudo são avaliadas em pormenor graças a esta abordagem abrangente.

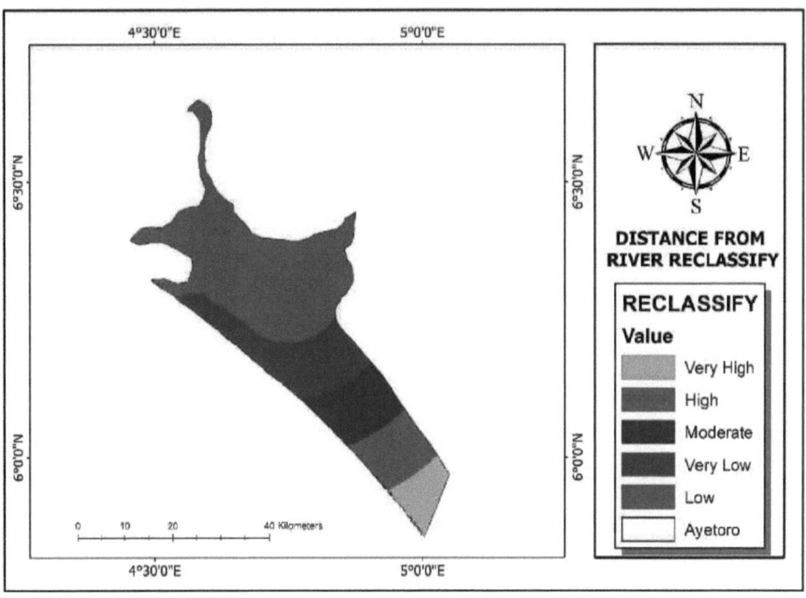

Figura 7: Mapa da distância ao rio na área de estudo

4.5 Distância da estrada

As auto-estradas ficam submersas após chuvas fortes, o que causa grandes preocupações em termos de conetividade e acessibilidade (Adhikari et al., 2010). Um dos factores utilizados para avaliar a produção de mapas de perigo de inundação na área de estudo é a distância às estradas. Neste estudo, a distância às estradas foi classificada em cinco grupos de acordo com o seu impacto no risco de inundação. Estas classificações, que variaram de muito alta (0-25), alta (26-50), moderada (51-100), baixa (101-150) e muito baixa (>150), foram obtidas a partir de dados da rede rodoviária (Figura 8). O mapa de proximidade das estradas foi reclassificado e depois fundido com mapas de critérios adicionais para análise de sobreposição, resultando numa avaliação exaustiva das zonas propensas a inundações com base na distância às estradas.

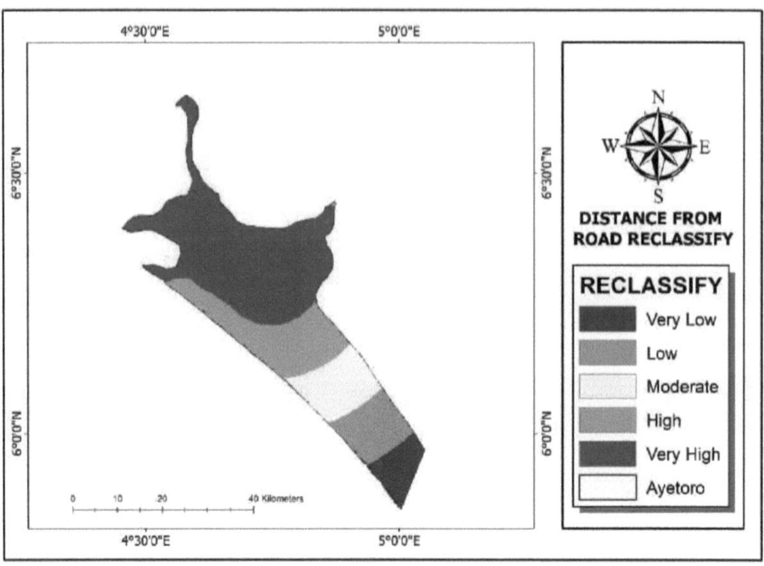

Figura 8: Distância do mapa rodoviário da zona de estudo

4.6 Declive

O declive costeiro destaca-se como uma caraterística crucial, uma vez que influencia a configuração das ondas e a altura de subida. Enquanto os declives mais acentuados agravam as ameaças de inundação costeira, os declives mais suaves ajudam a dissipar a energia das ondas de forma mais eficaz (Mullick et al., 2019). O declive é fundamental para determinar as ameaças de inundação porque influencia os volumes de escoamento superficial, as taxas de precipitação e as velocidades do fluxo de água no terreno. Foi criado um mapa de percentagem de declive para a área de estudo utilizando a ferramenta de análise espacial do ArcGIS 10.5 e um Modelo Digital de Elevação (DEM) com uma resolução de 20 metros. As percentagens de declive na área de estudo variaram entre 0 e 9, com valores mais baixos a sugerir terrenos mais planos, mais vulneráveis a inundações, e valores mais altos a indicar terrenos mais íngremes, menos sensíveis a inundações. Os declives foram divididos em cinco níveis com base na sua sensibilidade ao risco de inundação. Os declives da área de estudo foram divididos em cinco classes com base no seu impacto no risco de inundação (Figura 9): muito elevado (8-9°), elevado (6-7°), moderado (5-5°), baixo (3-4°) e muito baixo (0-2°).

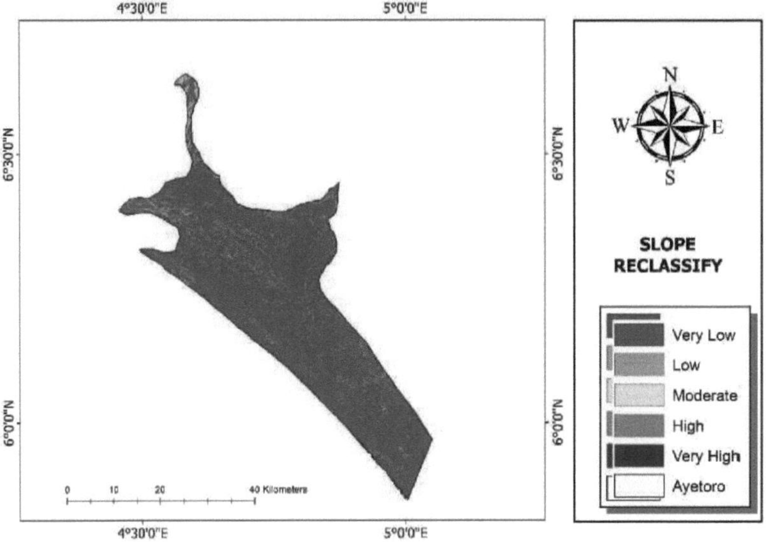

Figura 9: Mapa de declives da zona de estudo

4.7 Elevação

As camadas raster de elevação foram criadas com a aplicação ArcGIS e o Modelo Digital de Elevação (DEM). Estas camadas foram divididas em cinco categorias utilizando a ferramenta de categorização do ArcGIS. Como relatado anteriormente (Argaz et al., 2019; Ogato et al., 2020), os locais em altitudes mais elevadas sofreram menos incidências de inundações, enquanto os locais em altitudes mais baixas foram mais susceptíveis a inundações. A elevação da área de estudo foi classificada em cinco grupos com base no seu impacto nos níveis de perigo de inundação: elevações extremamente altas (-26 - 6 m), altas (7 - 12 m), moderadas (13-26 m), baixas (27-52 m) e muito baixas (53-89 m) (Figura 10).

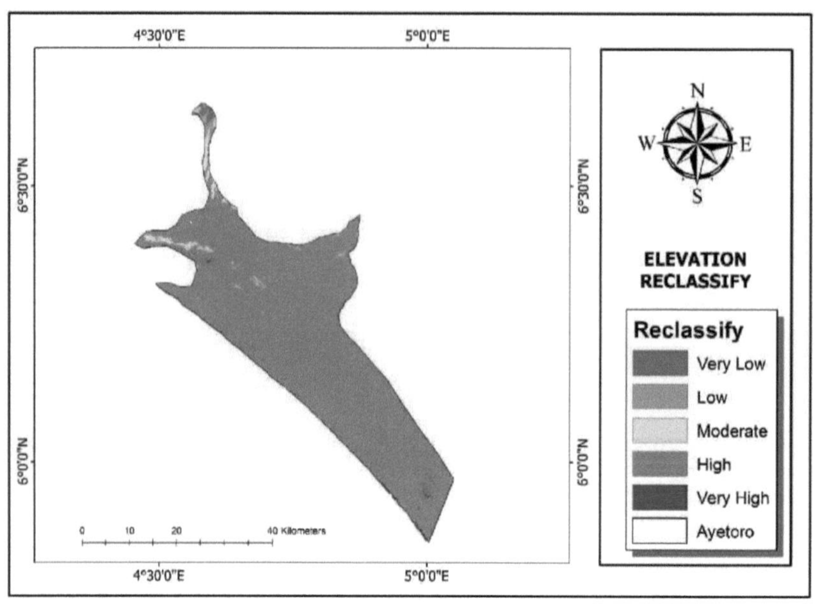

Figura 10: Mapa de elevação da área de estudo

CAPÍTULO CINCO

Discussão

A investigação da ameaça de inundação de Ilaje revela níveis variáveis de suscetibilidade a inundações em diferentes regiões da área em estudo. Após uma análise abrangente, são identificadas zonas distintas com diferentes graus de suscetibilidade a inundações: muito baixa, baixa, moderada, alta e muito alta, abrangendo áreas de 99,4 km2 (6,9%), 154 km2 (10,7%), 207,3 km2 (14,4%), 676,9 km2 (46,9%) e 306,5 ha (21,2%), respetivamente (Tabela 4). Em particular, as zonas de risco elevado a extremamente elevado estão localizadas principalmente nos sectores central, ocidental e oriental da região de investigação, representando 1037,4 km^2 dos 1444,1 km^2 da área total de estudo. Estes locais têm características como a baixa altitude, o declive suave, a densidade de drenagem esparsa e a proximidade dos rios, que aumentam consideravelmente o perigo de cheias (Tabela 5).

Estas conclusões alinham-se com avaliações anteriores efectuadas ao longo da costa lamacenta de Mahin, na Nigéria, por investigadores como Daramola, Li, Omonigbehin, et al. (2022), Ogunrayi et al. (2023) e Dada et al. (2019). Ogunrayi et al. (2023) registaram processos de erosão frequentes nas regiões costeiras central e ocidental, com a área central a sofrer uma erosão mais grave. Do mesmo modo, as avaliações recentes de Daramola, Li, Omonigbehin, et al. (2022) indicam um aumento iminente da vulnerabilidade aos riscos, particularmente no sector oriental, devido à subida do nível do mar. A análise espacial sublinha que as áreas de alto risco abrangem as regiões central, oriental e ocidental, englobando localidades como Igbokoda, Abereke, Ayetoro, Ugbonla, Idi Ogba, Ogogoro, Aboto, Ago Ilaje, Bawa e Ofara, entre outras (Figura 11). A gestão abrangente das cheias e as medidas de mitigação devem dar prioridade a estes distritos para mitigar eficazmente potenciais catástrofes de cheias. É necessária uma atenção urgente e estratégias de mitigação robustas para minimizar o impacto das inundações iminentes nestas áreas.

Propenso a inundações	Área (Km2)	Percentagem (%)
Muito elevado	306.5	21.2
Elevado	676.9	46.9
Moderado	207.3	14.4
Baixa	154	10.7
Muito baixo	99.4	6.9

Quadro 4: Classificação das zonas propensas a inundações em função da sua influência

Área de estudo	Área (km2)	Zonas sujeitas a inundações
ILaje	1444.1	1037.4

Tabela 5: Estimativa das regiões propensas a inundações na área de estudo

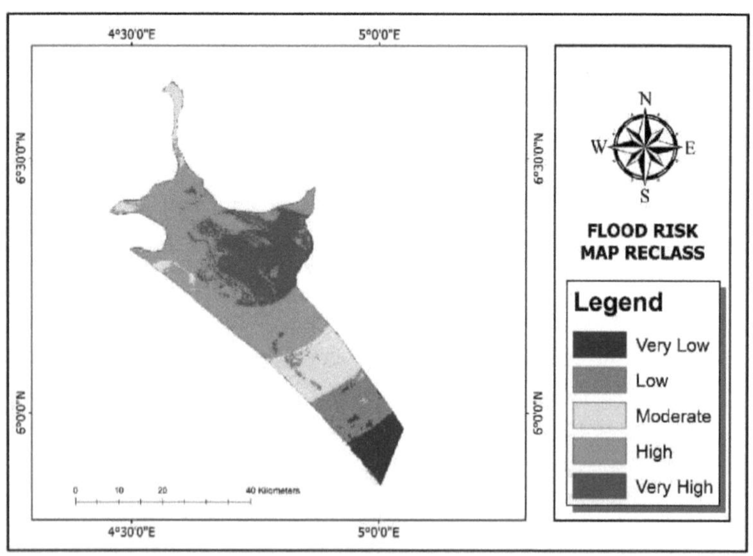

Figura 11: Mapa de risco de inundação de Ilaje, Estado de Ondo, Nigéria

CAPÍTULO SEIS

Validação

A validação do modelo é a comparação sistemática dos resultados do modelo com observações independentes do mundo real para avaliar a sua coerência quantitativa e qualitativa com a realidade. Os investigadores utilizam uma variedade de modelos para medir a vulnerabilidade às inundações em várias partes do mundo, mas os resultados do modelo devem ser testados para garantir que reflectem adequadamente as condições reais do terreno ou as observações registadas. A calibração e a validação do modelo são efectuadas comparando os resultados do modelo com os dados observáveis (Roy et al., 2021).

Para validar os resultados do mapa de risco de inundação de Ilaje, foram estudados registos históricos de ocorrências de inundações, obtidos a partir de avaliações anteriormente efectuadas na área de estudo, fotografias de fontes online que revelam o historial de inundações que afectam os locais destacados como zonas de risco elevado e moderado de regiões como Abereke, Igbokodo, Ayetoro, Ugbo nla, Aboto, para mencionar algumas. As figuras a e b mostram fotografias da região de Abereke captadas pela Alamy por volta de maio de 2023, e as figuras c e d exibem marcas de inundações em Igbokodo obtidas pela Alamy por volta de junho de 2023. Todos os locais de inundação históricos recolhidos, de acordo com o resultado esperado, encontram-se nas zonas de suscetibilidade a inundações alta e moderadamente alta, demonstrando a fiabilidade do modelo de vulnerabilidade a inundações utilizado neste estudo.

Figura 12: Marcas de inundação do evento de inundação de 2023 em (a), (b) em Abereke (c), (d) em Igbokoda.

CAPÍTULO SETE

Conclusão

As inundações causam perturbações substanciais na vida humana, bem como nos bens sociais e ambientais. Embora as inundações não possam ser completamente evitadas, a simulação de inundações e as avaliações de risco são ferramentas críticas de planeamento estratégico para reduzir eficazmente o risco de inundações e limitar os danos. Uma estratégia completa de gestão de inundações envolve uma avaliação exaustiva das áreas de risco de inundação, o que é conseguido pela abordagem proposta para identificar locais propensos a inundações em Ilaje. Investigações anteriores utilizaram uma variedade de abordagens de avaliação de inundações, que provaram ser auxiliares essenciais nos processos de tomada de decisão. Neste estudo, foram criados sete mapas de entrada diferentes, incluindo declive, elevação, densidade de drenagem, proximidade de rios e terrenos, precipitação e utilização do solo. Foram então construídos mapas de resultados simulados que representam inundações e validados em relação a pontos de verdade no terreno retirados de locais afectados por inundações observados na região de investigação. A análise dos dados adquiridos envolveu a utilização do método de hierarquia analítica e de técnicas do sistema de informação geográfica (SIG), o que resultou na criação de um mapa abrangente de aptidão da terra. De acordo com o resultado do modelo de risco de inundação, várias percentagens de terreno são consideradas propensas a inundações, com níveis de perigo de inundação classificados como muito elevado, elevado, moderado, baixo e muito baixo. As técnicas de deteção remota e de SIG surgiram como ferramentas vitais para identificar zonas de risco de inundação e criar mapas de suscetibilidade a inundações, fornecendo informações críticas para a tomada de decisões informadas. Além disso, a utilização de metodologias de análise multicritério provou ser benéfica para ajudar os governos locais e as agências governamentais a identificarem com precisão as zonas propensas a inundações e a desenvolverem políticas adequadas de controlo das inundações para implementação nesses locais.

Referências

Abdo, H. G. (2020). Evolução de um mapa de avaliação total do risco de inundação repentina para priorização hídrica com base em parâmetros geohidromorfométricos e maneira GIS-RS na bacia do rio Al-Hussain, Tartous, Síria. *Natural Hazards, 104(1)*, 681-703.

Abuzied, S. M., Ibrahim, S. K., Kaiser, M. F., & Seleem, T. A. (2016). Aplicação de sensoriamento remoto e integrações de dados espaciais para mapeamento de zonas de cobre pórfiro na área de Nuweiba, Egito. *Int. J. Signal Process. Syst, 4*(2), 102-108.

Abuzied, S. M., & Mansour, B. M. (2019). Modelagem de risco geoespacial para o delineamento de zonas propensas a inundações repentinas na bacia de Wadi Dahab, Egito. *Journal of Hydroinformatics, 21*(1), 180-206.

Adade, R., Aibinu, A. M., Ekumah, B., & Asaana, J. (2021). Aplicações de veículos aéreos não tripulados (UAV) na gestão da zona costeira - uma revisão. *Monitorização e Avaliação Ambiental, 193*, 1-12.

Adebola, A. O., Komolafe, A. A., Adegboyega, S. A., & Ibitoye, M. O. (2017). Análise de séries temporais de mudanças na linha de costa ao longo da costa do estado de Rivers, Nigéria. *GEOGRAPHY, 15*.

Adediji, A., & Ezenwa, K. (2018). Análise geoespacial da dinâmica da linha costeira no estado de Ondo, Nigéria. *Ife Research Publications in Geography, 15*(1), 52-62.

Adeniran, I., & Otokiti, K. (2019). Caracterização da manifestação das alterações climáticas na comunidade costeira da Nigéria. *Alterações Climáticas, 5*(20), 235-244.

Adesina, R. B., He, Z., Dada, O. A., Addey, C. I., & Oladejo, H. O. (2023). Caracterização de sedimentos subsuperficiais como uma ferramenta de reconhecimento para restaurar a costa de lama transgressiva da Nigéria. *Estudos regionais em ciências marinhas, 62*, 102933.

Adetoro, O., & Akanni, O. (2018). Avaliação da vulnerabilidade a inundações em

Ilaje, Estado de Ondo, Nigéria. *Jornal de Geografia, Meio Ambiente e Ciências da Terra Internacional, 16*(1), 1-11.

Adewale, B., Zhang, X., Wang, R., Adenugba, O., & Adewusi, A. (n.d.). An Integrated Multicriterion Decision-Making Method for Assessing Flood Vulnerability: A Case Study in Nigeria's Transgressive Mud Coast State of Ondo State's Ilaje Coastal City. *Disponível em SSRN4808267.*

Adhikari, P., Hong, Y., Douglas, K. R., Kirschbaum, D. B., Gourley, J., Adler, R., & Robert Brakenridge, G. (2010). Um inventário global digitalizado de inundações (1998-2008): Compilação e resultados preliminares. *Natural Hazards, 55,* 405-422.

Adnan, M. S. G., Abdullah, A. Y. M., Dewan, A., & Hall, J. W. (2020). Os efeitos da mudança do uso da terra e do risco de inundação na pobreza no Bangladesh costeiro. *Land Use Policy, 99,* 104868. https://doi.org/10.1016Zj.landusepol.2020.104868

Akay, H. (2021). Mapeamento da suscetibilidade a riscos de inundação usando métodos estatísticos, de lógica difusa e MCDM. *Soft Computing, 25*(14), 9325-9346.

Akinsemolu, A. A., Akinyosoye, F. A., & Arotupin, D. J. (2018). Dinâmica ecotoxicológica do ecossistema do solo costeiro das regiões produtoras de petróleo do estado de Ondo, Nigéria. *Revista Aberta de Ecologia, 8*(4), 250-269.

Argaz, A., Ouahman, B., Darkaoui, A., Bikhtar, H., Ayouch, E., & Lazaar, R. (2019). Mapeamento de risco de inundação usando sensoriamento remoto e ferramentas GIS: Um estudo de caso da bacia hidrográfica de souss. *J. Mater. Environ. Sci, 10*(2), 170-181.

Asiwaju-Bello, Y. A., & Owoseni, J. O. (n.d.). *Hydrogeology of the coastal region of Ondo State, Nigeria (Hidrogeologia da região costeira do Estado de Ondo, Nigéria).*

Ayeku, P. O. (2022). Climate Change and Anthropogenic Impacts on the Ecosystem oftheTransgressive Mud Coastal Region of Bight of Benin, Nigéria. Em *Vegetation Dynamics, Changing Ecosystems and Human*

Responsibility (Dinâmica da Vegetação, Ecossistemas em Mudança e Responsabilidade Humana). IntechOpen.

Ayodele, O. S., & Ayodeji, I. V. (2020). Geoquímica de metais pesados e estado de poluição dos sedimentos costeiros na área de Ayetoro, sudoeste da Nigéria. *Jornal de Poluição Ambiental e Saúde Humana, 8(2)*, 98-110.

Badru, G., Odunuga, S., Omojola, A., & Oladipo, E. (2017). Análise da alteração da linha de costa em partes das secções de barreira-lagoa e lama da costa da Nigéria. *Journal of Extreme Events, 4*(04), 1850004.

Bhat, M. S., Alam, A., Ahmad, B., Kotlia, B. S., Farooq, H., Taloor, A. K., & Ahmad, S. (2019). Análise da frequência de inundação do rio Jhelum na bacia da Caxemira. *Quaternary International, 507,* 288-294.

Bhat, M. S., Alam, A., Ahmad, S., Farooq, H., & Ahmad, B. (2019). Avaliação do risco de inundação da bacia superior de Jhelum usando parâmetros morfométricos. *Ciências Ambientais da Terra, 78,* 1-17.

Boulomytis, Vtg., Zuffo, A., & Imteaz, M. (2019). Deteção de critérios de influência de inundação em bacias não drenadas em uma abordagem combinada Delphi-AHP. *Perspectivas da Investigação Operacional, 6,* 100116.

Dada, O. A., Agbaje, A. O., Adesina, R. B., & Asiwaju-Bello, Y. A. (2019). Efeito da mudança no uso da terra costeira na dinâmica da linha costeira ao longo da costa nigeriana de lama Transgressiva Mahin. *Ocean & Coastal Management, 168,* 251-264.

Danumah, J. H., Odai, S. N., Saley, B. M., Szarzynski, J., Thiel, M., Kwaku, A., Kouame, F. K., & Akpa, L. Y. (2016). Avaliação e mapeamento do risco de inundação no distrito de Abidjan usando o modelo de análise multicritério (AHP) e técnicas de geoinformação, (cote d'ivoire). *Geoenvironmental Disasters, 3,* 1-13.

Daramola, S., Li, H., Omonigbehin, O., Faruwa, A., & Gong, Z. (2022). Recuo recente e áreas dominantes de inundação ao longo da costa lamacenta de Mahin de Ilaje, Nigéria. *Regional Studies in Marine Science, 52,* 102272. https://doi.org/10.10167j.rsma.2022.102272

Daramola, S., Li, H., Otoo, E., Idowu, T., & Gong, Z. (2022). Avaliação e previsão da evolução costeira usando a linha de vegetação frontal detectada remotamente ao longo da costa de lama nigeriana Transgressive Mahin. *Estudos regionais em ciências marinhas, 50,* 102167.

Dhiman, R., VishnuRadhan, R., Eldho, T., & Inamdar, A. (2019). Risco de inundação e adaptação em cidades costeiras indianas: Cenários recentes. *Applied Water Science, 9*(1), 5.

Dube, K., Nhamo, G., & Chikodzi, D. (2022). Tendências das inundações e seus impactos nas comunidades costeiras da Província do Cabo Ocidental, África do Sul. *GeoJournal, 87*(Suppl 4), 453-468.

Fasona, M., Omojola, A., & Soneye, A. (2011). Um estudo do padrão de degradação da terra na costa de Mahin mudbeach do sudoeste da Nigéria com geoestatística de modelagem espacial-estatística. *Revista de Geografia e Geologia, 3*(1), 141.

Ghanbarpour, M., Salimi, S., & Hipel, K. (2013). A comparative evaluation of flood mitigation alternatives using GIS-based river hydraulics modelling and multicriteria decision analysis. *Journal of Flood Risk Management, 6*(4), 319-331.

Ghosh, A., & Kar, S. K. (2018). Aplicação do processo de hierarquia analítica (AHP) para avaliação do risco de inundação: Um estudo de caso no distrito de Malda, em Bengala Ocidental, Índia. *Natural Hazards, 94,* 349-368.

Hadipour, V., Vafaie, F., & Kerle, N. (2020). Uma abordagem baseada em indicadores para avaliar a vulnerabilidade social das zonas costeiras à subida do nível do mar e às inundações: Um estudo de caso da cidade de Bandar Abbas, Irão. *Ocean & Coastal Management, 188,* 105077.

Hagos, Y. G., Andualem, T. G., Yibeltal, M., & Mengie, M. A. (2022). Avaliação e mapeamento do risco de inundação usando GIS integrado com análise de decisão multicritério na bacia superior do rio Awash, Etiópia. *Applied Water Science, 12(1),* 148.

Hammad, M., Mucsi, L., & van Leeuwen, B. (2018). Investigação da mudança de cobertura do solo nas bacias costeiras do sul da Síria durante os últimos 30 anos usando dados de sensoriamento remoto do Landsat. *Jornal de Geografia Ambiental, 11*(1-2), 45-51.

Ho, W. (2008). Integrated analytic hierarchy process and its applications-A literature review. *Jornal Europeu de Investigação Operacional, 186*(1), 211-228.

Komolafe, A. A., Apalara, P. A., Ibitoye, M. O., Adebola, A. O., Olorunfemi, I. E., & Diallo, I. (2021). Análise espaço-temporal da mudança posicional da linha de costa do litoral do estado de Ondo usando sensoriamento remoto e GIS: Um estudo de caso da linha costeira de Ilaje no Estado de Ondo, na Nigéria. *Sistemas Terrestres e Ambiente*, 1-13.

Lawal, D. U., Yusof, K. W., Hashim, M. A., & Balogun, A.-L. (2014). *Modelo de processo de hierarquia analítica espacial para previsão de inundações: Uma abordagem integrada. 20(1),* 012029.

Leal, J. E. (2020). AHP-express: Uma versão simplificada do método analytical hierarchy process. *MethodsX, 7,* 100748.

Liu, Y. B., Gebremeskel, S., De Smedt, F., Hoffmann, L., & Pfister, L. (2003). A diffusive transport approach for flow routing in GIS-based flood modeling. *Journal of Hydrology, 283(1-4),* 91-106.

Mondal, T., & Gupta, S. (2015). Avaliação de parâmetros morfométricos de redes de drenagem derivados de mapa topográfico e modelo digital de elevação usando sensoriamento remoto e SIG. *International Journal of Geomatics and Geosciences, 5*(4), 655-664.

Msabi, M. M., & Makonyo, M. (2021). Mapeamento de suscetibilidade a inundações usando GIS e análise de decisão multicritério: Um caso da região de Dodoma, centro da Tanzânia. *Aplicações de Sensoriamento Remoto: Sociedade e Ambiente, 21,* 100445.

Mullick, M. R. A., Tanim, A., & Islam, S. S. (2019). Análise da vulnerabilidade costeira da costa de Bangladesh usando técnicas geoespaciais baseadas em lógica difusa. *Ocean & Coastal Management, 174,* 154-169.

Nkwoji, J., Yakub, A., Abiodun, A., & Bello, B. (2016). Hidroquímica e estrutura da comunidade de macroinvertebrados bentónicos nas águas costeiras de

Ilaje, Estado de Ondo, Nigéria. *Estudos regionais em ciências marinhas, 8,* 7-13.

Ogato, G. S., Bantider, A., Abebe, K., & Geneletti, D. (2020). Sistema de informação geográfica (GIS) - Análise multicritério baseada no perigo e risco de inundação na cidade de Ambo e sua bacia hidrográfica, zona oeste de shoa, estado regional de oromia, Etiópia. *Journal of Hydrology: Regional Studies, 27,* 100659.

Ogunrayi, O. A., Mattah, P. A. D., Folorunsho, R., Jolaiya, E., & Ikuomola, O. J. (2023). Uma análise espaço-temporal das mudanças na linha de costa na área costeira de Ilaje do estado de Ondo, Nigéria. *Journal of Marine Science and Engineering, 12*(1), 18.

Olawusi-Peters, O., & Ajibare, A. (2014). Abundância de espécies e padrões de distribuição de alguns moluscos nas águas costeiras do Estado de Ondo, Sudoeste da Nigéria. *Revista Internacional de Fauna e Estudos Biológicos, 1*(4), 19-24.

Olorunfemi, I. E., Fasinmirin, J. T., Olufayo, A. A., & Komolafe, A. A. (2020). GIS e análise baseada em sensoriamento remoto dos impactos da mudança de uso / cobertura da terra (LULCC) na sustentabilidade ambiental do estado de Ekiti, sudoeste da Nigéria. *Ambiente, Desenvolvimento e Sustentabilidade, 22,* 661-692.

Olorunlana, F. (2013). Estado do ambiente na zona do Delta do Níger do Estado de Ondo. *Revista Científica Europeia, 9*(21).

Osunsanmi, O., Akinrinmade, O., Sogbon, O., & Temola, O. (2015). Uma Avaliação dos Desafios da Erosão Costeira na Comunidade Ayetoro, Estado de Ondo, Nigéria. *Revista Internacional de Investigação (IJR), 2.*

Pallard, B., Castellarin, A., & Montanari, A. (2009). A look at the links between drainage density and flood statistics. *Hydrology and Earth System Sciences, 13*(7), 1019-1029.

Park, S.-J., & Lee, D.-K. (2020). Previsão do risco de inundação costeira sob o impacto das alterações climáticas na Coreia do Sul utilizando algoritmos de aprendizagem automática. *Environmental Research Letters, 15(9),* 094052.

Popoola, O. (2022). Avaliação espácio-temporal das alterações da linha de costa e gestão da costa de lama transgressiva, Nigéria. *Popoola OO (2022). Avaliação espácio-temporal das alterações da linha de costa e gestão da costa de lama transgressiva, Nigéria. Revista Científica Europeia, ESJ, 18,* 20-99.

Poussin, J. K., Botzen, W. W., & Aerts, J. C. (2014). Factores de influência no comportamento de mitigação de danos causados por inundações por parte das famílias. *Ciência e Política Ambiental, 40,* 69-77.

Reddy, G. P. O., Maji, A. K., & Gajbhiye, K. S. (2004). Drainage morphometry and its influence on landform characteristics in a basaltic terrain, Central India-a remote sensing and GIS approach. *International Journal of Applied Earth Observation and Geoinformation, 6*(1), 1-16.

Roy, S., Bose, A., & Chowdhury, I. R. (2021). Avaliação do risco de inundação usando dados geoespaciais e abordagem de decisão multicritério: Um estudo da região historicamente ativa propensa a inundações do sopé do Himalaia, Índia. *Arabian Journal of Geosciences, 14*(11), 999. https://doi.org/10.1007/s12517-021- 07324-8

Saaty, T. L. (2001). Fundamentals of the analytic hierarchy process. *The Analytic Hierarchy Process in Natural Resource and Environmental Decision Making,* 15-35.

Schulz-Stellenfleth, J., & Staneva, J. (2019). Um método de multi-colocação para observações da zona costeira com aplicações aos dados de altura de onda do altímetro Sentinel-3A. *Ocean Science, 15*(2), 249-268.

Vaidya, O. S., & Kumar, S. (2006). Analytic hierarchy process: An overview of applications. *Jornal Europeu de Investigação Operacional, 169(1),* 1-29.

Vignesh, K., Anandakumar, I., Ranjan, R., & Borah, D. (2021). Avaliação da vulnerabilidade a inundações usando uma abordagem integrada de modelo de tomada de decisão multicritério e técnicas geoespaciais. *Modelagem de Sistemas Terrestres e Meio Ambiente, 7,* 767-781.

Wang, Y., Li, Z., Tang, Z., & Zeng, G. (2011). Uma abordagem espacial multicritério baseada em SIG para a avaliação do risco de inundação na região do lago Dongting, Hunan, China Central. *Water Resources Management, 25,* 3465-3484.

Wright, J. B., Hastings, D., Jones, W., & Williams, H. (1985). *Geologia e recursos minerais da África Ocidental* (Vol. 187). Springer.

Yang, M., Qian, X., Zhang, Y., Sheng, J., Shen, D., & Ge, Y. (2011). Análise de decisão espacial multicritério dos riscos de inundação na gestão de barragens envelhecidas na China: A framework and case study. *Revista Internacional de Investigação Ambiental e Saúde Pública, 8(5),* 1368-1387.

yes
I want morebooks!

Buy your books fast and straightforward online - at one of world's fastest growing online book stores! Environmentally sound due to Print-on-Demand technologies.

Buy your books online at
www.morebooks.shop

Compre os seus livros mais rápido e diretamente na internet, em uma das livrarias on-line com o maior crescimento no mundo! Produção que protege o meio ambiente através das tecnologias de impressão sob demanda.

Compre os seus livros on-line em
www.morebooks.shop

Printed by Books on Demand GmbH, Norderstedt / Germany